衷心感謝提供專業協助的
謝珀德‧多勒曼博士、彼得‧庫爾琴斯基博士,
以及國家科學基金會,特別是喬許‧查莫特。

給莎莉、威爾、布萊德利、克勞利與昆恩,
你們擁有改變世界的潛力。
——A.C.R.

獻給我那位方程式越難解卻越開心的父親。
——Y.I.

文／安娜‧克勞利‧瑞丁（Anna Crowley Redding）

　　她是獲得艾美獎肯定的記者,最喜歡戴上一頂偵探帽,去探尋遭人遺忘的歷史和英雄故事,這也讓她在創作這本書時寫得不亦樂乎。對任何事物都充滿熱情的她,擅長調查不為人知的小故事,並用淺顯易懂且不一樣的視角說故事,作品還有《拯救獨立宣言》、《Google一下:谷歌的歷史》、《伊隆‧馬斯克:看我拯救世界》（以上皆為暫譯）。現居住在美國緬因州的波特蘭郊外。

圖／今村雅司（Yas Imamura）

　　她是亞裔美國插畫家,繪製了許多兒童圖畫書,擅長的繪畫材料是水粉與水彩,特別喜歡有趣又神祕的題材,作品還有《長了翅膀的奇蹟》、《世界第一老的梨樹》（以上皆為暫譯）。目前在美國奧勒岡州的波特蘭生活和工作。

翻譯／鄭煥昇

　　聽不同的作者講不同的話,並將這些話轉述給不同的人聽,這就是譯者的角色——橋梁。師大翻譯所畢業,盼望在童書的這片天地裡,帶給孩子不一樣的視野,享受閱讀的喜悅。近期譯有《Ouch哎喲喂呀重力原來是這樣》、《在迷失的日子裡,走一步也勝過原地踏步》等作品。

重力樹

一棵蘋果樹啟發全世界的故事

文／安娜‧克勞利‧瑞丁　圖／今村雅司

翻譯／鄭煥昇

一棵樹，看起來稀鬆平常，但幾百年前，
有棵樹曾站在起點上，準備展開一場非比尋常
的旅程。這一切的開始，是一粒微不足道
的種子，而那迷你黑色外殼裡，卻蘊
藏著改變世界的潛力。

那顆種子在土壤中靜靜沉睡著，直到春日的暖陽讓它
甦醒。吸了水的種子開始長啊、長啊——終於破殼而出。

它的根部四散，往下、往下、往下，用力的扎根；細嫩的樹
芽像挖著看不見的隧道，往上、往上、往上，努力竄出土壤，接
觸光線。小小的樹葉像扇子一樣展開，蒐集陽光，將金色光束轉
換成養分。完美的滋養讓這棵樹越長越大、越長越高。

一年四季，這棵樹都能
帶來美麗的風景。

金色的秋葉迎風飛舞，直到
光禿的枝條在寒冬中屹立不搖。

樹尖盛開的花苞，被蜜蜂簇擁著，

直到花瓣飄落，露出幼嫩的果實。

枝葉在風中搖曳，結滿
沉甸甸的成熟蘋果，眼看隨
時就要掉落。

　　1665年的夏日尾聲，這棵樹不再形單影隻，是誰坐在它的樹冠下呢？是偉大的思想家——艾薩克·牛頓。

　　愛問問題、追求真理、熱愛數學的艾薩克，在這棵樹的樹蔭下長大。如今，長大後的艾薩克倚靠在樹幹旁，心裡的疑問之多，有如樹上結實纍纍的蘋果。

直到——

咚！

他思考著一個更大的問題……
那顆掉落的蘋果，是否也能解釋月球為什麼
沒有飄離地球越來越遠，也沒有直接朝地球一頭
撞過來呢？

然後，艾薩克找到一個答案：「重力！是地球的重力！」

他發現了那股看不見的力量，能讓蘋果往下掉，也能讓月亮和地球在宇宙中保持完美的距離。

這件事在人類歷史上，是科學界天大的發現。艾薩克的命運從此緩緩動了起來。隨著他的聲名大噪，這棵樹也跟著名揚四海，並贏得了一個新名字──重力樹。

於是，世人都想來
看看這棵樹，坐在樹下，品嘗隨手摘下的
蘋果，只為親近這棵啟發偉人的樹！
即便艾薩克辭世多年，但他的發現仍
一如重力樹，活在我們身邊。

但在1820年，暴風雨來襲的某天，猛烈的呼嘯聲中
只聽見——

喀！砰！

重力樹轟然倒地。

圍觀的群眾一一搬走了殘骸——那曾經帶給艾薩克靈感的蘋果樹木頭。甚至有木匠將整根樹枝做成了椅子，成為後人思索問題的完美位置。

　　那麼，原本的重力樹呢？慘不忍睹。斷枝殘幹在院子裡顯得落寞孤獨，死氣沉沉。

但深藏在倒落的樹幹裡⋯⋯仍有一絲生機！

靠著水、陽光，還有時間，新的根再次長出，扎進土裡。樹幹的頂端冒出新芽，不斷變粗，不斷分岔。那棵樹再度茁壯生長。

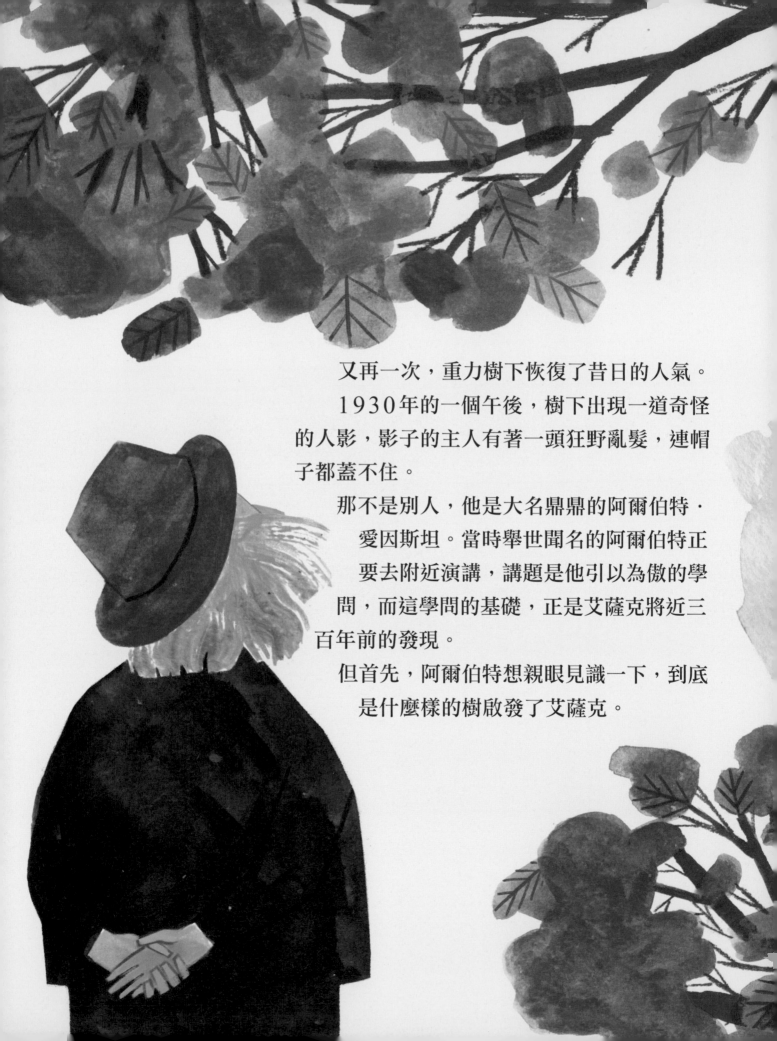

又再一次，重力樹下恢復了昔日的人氣。

1930年的一個午後，樹下出現一道奇怪的人影，影子的主人有著一頭狂野亂髮，連帽子都蓋不住。

那不是別人，他是大名鼎鼎的阿爾伯特‧愛因斯坦。當時舉世聞名的阿爾伯特正要去附近演講，講題是他引以為傲的學問，而這學問的基礎，正是艾薩克將近三百年前的發現。

但首先，阿爾伯特想親眼見識一下，到底是什麼樣的樹啟發了艾薩克。

其實還有許多學者都曾經來到這棵樹下。太空人、天文物理學家、數以千計的科學家，都是從這棵樹踏出科學旅程的第一步。

1987年，在一個寒冷的冬日，這棵樹又認識了一名大思想家。名聞世界的物理學家史蒂芬·霍金抬起頭，望著這棵改變他的樹。

史蒂芬研究黑洞、重力，也研究萬事萬物的起源。但那些關於宇宙的偉大觀點之所以可以從他腦中出現，都要先感謝這棵蘋果樹，因為是蘋果掉落啟發了牛頓，又激勵了後人帶來更多的科學發現。

就如同那顆蘋果的種子曾經只是一個渺小的存在，史蒂芬也有改變世界的潛力。

背負使命的重力樹，繼續它的旅程。

不論過了十年，或是過了一世紀，這棵樹持續將這份啟發
散播到全球各地，甚至是地球之外……

2010年春天，矚目的焦點不再是誰來到了樹下，而是重力樹的一部分要前往宇宙！

三、

二、

一、

發射！

在國際太空站上，太空人鬆開手中握著的那塊重力樹木片。木片並沒有掉回到地球，而是在太空中飄盪。雖然事隔將近350年，但艾薩克說對啦！

重力樹的旅程還沒有結束。
工匠又磨又雕，精心打造著英國女王乘坐的馬車，
他用一小塊重力樹的木片，裝飾在金碧輝煌的車廂裡。
重力樹化身成馬車上的耀眼明珠，隨女王出任務！

但對於想看一眼重力樹、卻去不了英格蘭的人，又要如何親近這棵帶來無數啟發的樹呢？這個問題園藝專家早就想到了！

他們摘取蘋果的種子，小心翼翼的鋸下細枝，培育出新的重力樹。

這些重力樹的後代，搭著火車或船隻來到不同地方，在世界各地的新家，為更多人帶來啟發。

至於原始的那棵重力樹，因為長了樹瘤而扭曲了樹身，
需要一點支撐，但它還活得好好的！它還是會繼續長出和掉
在艾薩克眼前一樣的蘋果。

園藝專家細心照護著重力樹與它在世界各地的後代，好
讓你也能來到樹下，找到屬於你的啟發。

一棵樹，看起來稀鬆平常，但幾百年前，有棵樹曾站在
起點上，準備展開一場非比尋常的旅程。這一切的開始，是
一粒微不足道的種子。

你或許也很渺小，卻
擁有改變世界的潛力！

重力樹

「我能看得更遠，因為我站在巨人的肩上。」
——艾薩克・牛頓，西元1675年

　　你可以走訪最原始的那棵重力樹，它就位在艾薩克・牛頓兒時的故居，英格蘭的伍爾索普莊園外，時至今日，它仍矗立於當地。在那裡，你還能看到當年艾薩克工作的房間。

　　2002年，為了紀念英國女王伊莉莎白二世即位的金禧（50周年），艾薩克的重力樹連同另外四十九棵樹被宣告成為英格蘭遺產，這個身分一公布，便讓重力樹獲得了特殊的保護與額外的照顧。曾有人質疑這棵樹上掉下來的蘋果是否真正啟發了牛頓，但這的確是真實故事，不僅艾薩克本人向旁人說過這件事，學者還利用現代科技替這棵樹定年，也透過史學研究確認這棵樹歷經了數百年的身分。

　　然而，傳說蘋果砸到艾薩克頭上並不是真的，他只是看到了蘋果在眼前掉下來，頭上並沒腫一個包！

艾薩克・牛頓

　　1642年的聖誕節，艾薩克・牛頓出生於英格蘭林肯郡的伍爾索普莊園。艾薩克的童年並不快樂，他出生前父親就過世了，母親因此改嫁，艾薩克生下來後，便交由祖父母扶養，這讓他既悲傷，又生氣。儘管如此，艾薩克閒暇時會建造東西、發明東西或是做實驗，如果當年你能去他家坐坐，你會發現他在用日晷判斷時間，在替朋友的玩偶房子製作迷你家具，在訓練老鼠用迷你轉輪磨麵粉！

　　艾薩克原本得繼承父業，成為一名農夫，可是艾薩克並不喜歡務農，最終他的母親選擇退讓，讓他進入劍橋大學三一學院就讀，但她並沒有替他支付學費，於是艾薩克得一邊工作，一邊兼顧學業。當鼠疫侵襲倫敦時，劍橋大學擔心疫情擴散，便疏散學生與教職員回鄉，待在故鄉的那兩年，艾薩克完成了一些重大的發現，他不僅搞清楚蘋果為什麼會掉下來，也明白了白光其實是由許多種顏色組成，而這也解開了一大謎團：彩虹的原理。艾薩克還發明了一種稱為微積分的數學，陸續又有了運動定律等著名的發現。

　　他甚至獲得英國女王冊封騎士，成為艾薩克・牛頓爵士。至於艾薩克所發現的重力，則成為現代物理學的基礎。他84歲過世，和其他的歷史名人一起葬在西敏寺，那是極少數人才有的殊榮。

阿爾伯特・愛因斯坦

阿爾伯特・愛因斯坦提出了$E=MC^2$這個史上著名的方程式。它解釋了能量與質量之間的關係，其中E代表能量，M代表質量，而C則代表光速。

對於想要了解宇宙運行的人類，這則方程式開啟了全新的探索。阿爾伯特判定光速恆定，並以廣義相對論解釋時間與空間的關聯，空間並非只是恆星與星系的黑色布幕，而是空間本身也在運動。這樣的觀點，源自他對牛頓運動定律與萬有引力的研究。確實，艾薩克奠定了現代物理學的基礎，阿爾伯特明白艾薩克種種發現的巧妙之處，但也明白它們的侷限。

阿爾伯特生於1879年3月14日，他雖然比其他孩子都晚開口說話，但他和艾薩克一樣從小就愛問問題，他說自己喜歡用圖像思考，而非文字。阿爾伯特一心想解開宇宙之謎，他做過許多研究，解開了許多謎團，最終獲頒了諾貝爾獎。他的姓氏愛因斯坦，甚至成為了「聰明」的代名詞。1955年，阿爾伯特去世於美國紐澤西州。

史蒂芬・霍金

史蒂芬・霍金是一名重要的理論物理學家，他的研究主攻黑洞與宇宙的起源。此外，他還有另一個身分——科普推廣者。如果你不是科學家，天文物理學的研究對你來說可能非常難懂，史蒂芬・霍金改變了這一點，他在解釋宇宙時使用淺顯易懂的語言，其著作受到廣大讀者喜愛，暢銷全球。生於1942年的史蒂芬和艾薩克就讀同一所學院，只是晚了約300年。

史蒂芬在21歲那年被診斷出一種讓他日漸孱弱的疾病，英文縮寫是ALS，也就是俗稱「漸凍人」的疾病，醫生告訴他頂多只能再活兩年。但史蒂芬仍持續著他的學業與研究，他下定決心只要活著一天，就要為科學做出貢獻。史蒂芬克服命運的安排，活過一年又一年。1979年，他獲得了曾經屬於艾薩克・牛頓的同一個榮銜——劍橋大學盧卡斯數學教授席位，而在史蒂芬工作的建築物外面，就有一棵重力樹的後裔。奇蹟似的，史蒂芬活到76歲在2018年辭世。

艾薩克・牛頓的生平年表

1642年12月25日──生於英格蘭林肯郡的伍爾索普莊園。

1661年──進入劍橋大學三一學院就讀。

1665年──鼠疫襲擊英格蘭。公共場所與大學院校關閉，
艾薩克返家。

1665至1666年──居家期間的艾薩克目睹蘋果掉落！

1667年──返校復學。

1669年──不僅順利畢業，聰明的艾薩克還繼續發表
許多發現，並獲得劍橋大學盧卡斯數學教
授席位的殊榮。

1672年──加入倫敦皇家學會，這是個地位崇高且非
常重要的科研協會。

1687年──與世界分享了他的各種發現，包括受蘋果掉落啟發而得到的創見，也就是
萬有引力定律。

1703年──獲選為皇家學會會長。

1705年──受英國女王冊封騎士，成為艾薩克・牛頓爵士。

1727年3月20日──與世長辭，安葬於西敏寺。

參考資料

Anscombe, Charlotte. "Remembering When . . . Albert Einstein Visited the University──and Was Late!" The News Room (blog). University of Nottingham, June 5, 2015. http://blogs.nottingham.ac.uk/newroom/2015/06/05/remembering-whenalbert-einstein-visited-the-university-and-was-late/.

Christianson, Gale E. Isaac *Newton and the Scientific Revolution*. Oxford: Oxford University Press, 1998.

Christofaro, Beatrice. "Stephen Hawking's Daughter Said He Would Have Been 'Blown Away' by the First Image of a Black Hole." Business Insider, April 11, 2019. www.businessinsider.com/black-hole-stephen-hawking-blown-away-says-daughter-2019-4.

Ewbank, Anne. "How Isaac Newton's Apple Tree Spread Across the World." Atlas Obscura, June 26, 2018. www.atlasobscura.com/articles/newton-apple-tree.

Keesing, Richard. "A Brief History of Isaac Newton's Apple Tree." University of York, Department of Physics. Accessed March 24, 2020. www.york.ac.uk/physics/about/newtonsappletree/.

Killelea, Amanda. "Queen's New Carriage Made from Isaac Newton's Apple Tree, Nelson's Ship and Dambusters Plane." Mirror, June 3, 2014. www.mirror.co.uk/news/uk-news/queens-new-carriage-made-isaac-3641958.

Krull, Kathleen, and Boris Kulikov. *Albert Einstein*. New York: Viking, 2009.

Krull, Kathleen, and Boris Kulikov. *Isaac Newton*. New York: Viking, 2006.

Lasky, Kathryn, and Kevin Hawkes. *Newton's Rainbow: The Revolutionary Discoveries of a Young Scientist*. New York: Farrar, Straus and Giroux, 2017.

Meltzer, Milton. *Albert Einstein: A Biography*. New York: Holiday House, 2008.

Moore, Keith. *"Newton's Apple Tree."* The Repository (blog). The Royal Society, February 22, 2012. https://blogs.royalsociety.org/history-of-science/2012/02/22/newtons-apple-tree/.

National Trust. "Woolsthorpe Manor." Accessed March 24, 2020. www.national trust.org.uk/woolsthorpe-manor.

Redd, Nola Taylor. "Stephen Hawking Biography (1942–2018)." Space.com. March 14, 2018. www.space.com/15923-stephen-hawking.html.

國家圖書館出版品預行編目 (CIP) 資料

重力樹：一棵蘋果樹啟發全世界的故事／安娜.克勞利.瑞丁(Anna Crowley Redding)作；今村雅司繪；鄭煥昇譯. -- 新北市：小熊出版：遠足文化事業股份有限公司發行, 2022.12　40面；　21.6×28公分
譯自：The Gravity Tree: The True Story of a Tree That Inspired the World
ISBN 978-626-7224-11-3 (精裝)

1.CST: 科學 2.CST: 繪本

307.9　　　　　　　　　　　　　111017739

閱讀與探索

重力樹：一棵蘋果樹啟發全世界的故事

文／安娜·克勞利·瑞丁　　圖／今村雅司　　翻譯／鄭煥昇

總編輯：鄭如瑤｜主編：陳玉娥｜責任編輯：韓良慧｜美術編輯：楊雅屏｜行銷副理：塗幸儀｜行銷助理：龔乙桐

出版與發行：小熊出版·遠足文化事業股份有限公司

地址：231 新北市新店區民權路108-3 號 6 樓｜電話：02-22181417｜傳真：02-86672166

劃撥帳號：19504465｜戶名：遠足文化事業股份有限公司

Facebook：小熊出版｜E-mail：littlebear@bookrep.com.tw

讀書共和國出版集團

社長：郭重興｜發行人：曾大福

業務平臺總經理：李雪麗｜業務平臺副總經理：李復民

實體通路暨直營網路書店組：林詩富、陳志峰、郭文弘、賴佩瑜、王文賓

海外暨博客來組：張鑫峰、林裴瑤、范光杰｜特販組：陳綺瑩、郭文龍｜印務部：江域平、黃禮賢、李孟儒

讀書共和國出版集團網路書店：http://www.bookrep.com.tw

客服專線：0800-221029｜客服信箱：service@bookrep.com.tw｜團體訂購請洽業務部：02-22181417 分機 1124

法律顧問：華洋法律事務所／蘇文生律師｜印製：凱林彩印股份有限公司

初版一刷：2022 年 12 月｜定價：350 元

ISBN：978-626-7224-11-3

書號：0BNP1053

小熊出版官方網頁　　小熊出版讀者回函